民 族 民 间 艺 术 瑰 宝

TREASURES OF ETHNIC AND FOLK ARTS

石板房

贵州民族出版社

概述：石板房

◎ 石板房的建筑特色
◎ 石板房建筑的环境

《石板房》

贵州民族出版社/编
主　编/宛志贤

摄　影
　钟　涛　马启忠
　罗振璜　白俊荣
　吴忠贤　吴洪敏
　宛志贤　吕凤梧
　陆　瑜　杨昌银
　戴　洪　江常玉
　廖　毅　王天辉

概述撰文/马启忠
图片选编　/钟　涛
图版撰文
美术编辑/龙　英
文字编辑/李江山
装帧设计/龙　英

本书策划编辑人员
（按姓氏笔画排列）
王　剑　龙　英
吕凤梧　李国志
宛志贤　胡廷夺
钟　涛

图　版

◎ 石板房
　结构与形式/院　落/石器具
◎ 石板房村落
　环境与建筑格局/平坝·天龙屯堡/安顺·本寨屯堡/
　镇宁·石头寨/贵阳·镇山寨

概述：石板房

一、石板房的建筑特色

"山是石世界，石为人家乡"，是中外游客对贵州独具特色的石板房的赞誉。南京大学康育有教授亦有诗赞云："石桥石屋石山，绿树碧水蓝天。欲问君在何处，疑为世外桃源。"只要你步入花溪、长顺、惠水、平坝、西秀、普定、镇宁、关岭、六枝特区等的布依族和屯堡村镇，呈现眼底的尽是错落有致的石板房建筑群落。幢幢石屋，一层层、一排排鳞次栉比，井然有序。堵堵密实的石墙，夹着幽深狭窄的小巷；层层规整的石阶，穿过巷门，在石屋间盘绕回环；明碉哨堡依山叠砌，大墩子石砌就的围墙依寨环行，寨前有高大石朝门供寨人进出，仿佛进入那一座古老的城堡。这些房屋建筑除柱、梁、横檩、楼板用竹木外，其余全用石料。墙用方块石、成形条石或毛石堆砌而成，房顶以坡尖状石板代瓦，称之"石板房"。就是窗棂和走廊围栏也用石头雕成花样装饰，花纹图案古朴雅致，别具特色。为瓦的石片天然生成，厚薄相同，加工成一样大小的正方形，再盖成形状一致、整齐划一的菱形图案，形似白果花，称为"白果型"。亦有按石片的厚薄不均，大小各异而随料巧布的，经过盖房艺人的加工造形，观之如"鱼鳞"，称为"鱼鳞型"。前者构图严谨，富有装饰性；后者自然天成，妙趣横生，亦给人以美感。其造型的别致、工艺的精湛，令人眼目一新，连家中的用具，如碓、磨、钵、槽、缸、盆、桌、凳等都用石头制成；那村寨的通道，村前的小桥、梯田的堡坎、河流的护堤……都离不开一个"石"字，仿佛走进了"石头王国"。

从建筑类型看，有四周石墙封山，石板盖顶的长方体建筑；有石墙间隔、石柱支撑、石阶上门的楼台庭榭；有四周石头堆砌，屋面石块拱造的龟背型建筑；有四周篾条编制，石灰黏糊，石板盖顶的石灰房。从建筑工艺上看，既有用大小一致、精打细錾的块石安砌，又有用厚薄匀称的石片、石块垒砌或浆砌，还有用圆形或椭圆形堆砌，甚至有用石灰勾缝而成的"虎皮墙"。不管是哪种类型，都是斗缝紧密，层次明显。石板房大多坐南朝北，也有坐西向东的，通风透光好，住房

宽敞舒适，有冬暖夏凉之感。从建筑形式看，有全楼、半边楼（即吊脚楼）；有一正两厢围墙配槽门的"四合院"；有一正一厢过道围墙配槽门的"三合院"；也有四周石头封山，屋顶石板代瓦的单家独院。从长度看，有三开间，每间长1.2丈（约4米）；也有5开间，长7间的石板房。从宽度看，分别为3.6丈（约12米）、4.2丈（约14米）或4.6丈（约15米）不等。从高度看，有丈68（约6米）、丈88（约6.3米）、丈98（约6.6米）、2丈1顶8等（约7.3米）。一般是二楼一底，也有一楼一底的，最高不超过三楼一底。从总的设置来看，下层喂养牲畜，设置牛、猪、马圈，饲料处，喂料口，农具存放处，碓、磨房等；中层以上住人，设置青年卧房、老人卧房、灶房、堂屋（正堂）、火堂、客房、织绣蜡染房、书房或曲艺房等。中层前有大门，从地坪上阶梯到晒台进入大门，晒台围栏用石条雕成X字、正字或蝙蝠形图案嵌上，意为能保护人的安全。闲暇时，大人小孩于晒台上休闲纳凉。上层以上，用木板或竹条铺成木楼或竹楼，分为粮仓或屯谷间、晾谷间、杂物间等，这样的石板房称为"全楼"。"半边楼"就是依靠自然山势，把山坡削成"厂"形土台，土台占石板房宽度的1/3，土台下为畜栏，土台上与中层楼板连结为住人之栏。"一正两厢的四合院"，就是正房置于正中方位，正房两头置两幢厢房，两厢的另一端连结处，建石围墙和槽门，中间形成四边形结构院落，叫"四合院"。这种石板房的摆布不同前述，自有其独特性。正房三间三楼，第一楼住人，设老人、中年人卧房、灶房、火堂、食品房、客房等；二楼贮谷和晾谷；三楼放置各种杂物；左边厢房二间二楼或三间二楼，楼下为牛、马、猪圈和碓磨房。二楼为女儿宿舍和织绣蜡染房；右边厢房为二间二楼或三间二楼，楼下为农具房、燃料间和男孩宿舍、书艺房等；两厢另一端为石围墙和椭圆形或长方形石拱槽门，楼下是过道，楼上作哨观或娱乐之用。一正一厢的"三合院"，就是三间三楼正房置于正中前位，房屋设置摆布与一正两厢"四合院"正房摆布大体相同。不同之处是一厢房置于正房的左边或右边，有二间二楼或三间二楼。石围墙连结正房山头，槽门连在厢房吊脚楼下，（即平地起的"半边楼"），进槽门便是厢房的一楼一间，其中半间作通道，半间作碓磨房，一间作畜圈，一间作农具房。二楼分别为男孩书房和卧室，女孩织绣蜡染房和卧室。[参阅平面图（一）、（二）]。

TREASURES OF ETHNIC AND FOLK ARTS

石板房

布依族二楼一底石头建筑平面图（一）

上层

谷栏				
晾杂粮架	炕谷架		晾谷架	杂物间
杂粮仓	谷仓		谷仓	

中层

住处				
食品房	火堂	老年卧房	灶房	书房
主卧房	客房	正大　　堂门	女儿卧室 织绣蜡染	男孩卧室 书房

晒台

下层

畜栏				
饲料处	牛圈	猪圈	马圈	碓磨房
喂料口		圈门	农具处	

布依族"一正两厢四合院"平面图（二）

正房三间三层			
三层放杂物	杂物	杂物	杂物
二层谷楼	晾稻谷	粮仓	晾杂粮
一层住人	食品房　灶房	火堂	老人卧室
	中年人卧房	正堂	客房

走廊	石阶	走廊

左厢房二间二层		右厢房二间二层
二层	女孩卧室	男孩卧室
	织绣蜡染	书房
一层	马圈	牛圈
	农具房	碓磨房
	围墙	围墙

院落（槽门）

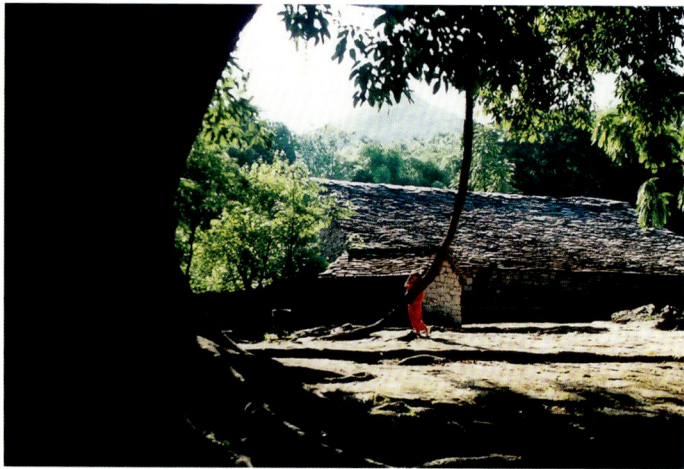

石板房的构建，多为高台式建筑。万丈高楼从地起，基础尤为重要。要建楼房，首先要打好基础，民间统称"拨案"（即拨稳基础）。它由基脚、案、连厂等部位构成。基脚按房主择好的屋基地划定的线条，从地面向下深挖土槽，直见牢实本土或本岩，再用稳扎石头砌成基脚，出地面6寸许，成为石框，即用土填实。接着，在基脚上砌案石，分为磉石和盖案，即石匠艺人将长条型石块和磉子石的五面打平，然后，用细锤细錾对门面一方剔打花纹图案，案下面是磉子石，上面为盖案的顺序安砌。一般磉子石厚度为1.6尺或1.8尺，盖案为6寸或8寸。案墙高度多为一磉一盖，也有少许两磉一盖或三磉一盖的。案石的连接，有尖钻和扁钻两种接缝，其中扁钻接缝更为精工。连厂多称为"础"，是房屋各开间柱列和隔墙落脚处的基石，各间柱列石脚必须保持同一水平，使墙体和构架的重心垂直，才能确保整个房屋结构的稳固不移，是房屋构造质量的重要因素。它由连接水平石和磉石构成，形状有圆形、方形、鼓形等。不但有支撑柱子、隔墙稳当的作用，而且有防潮，使柱子不易腐烂的作用。

石房构架有柱列构架、楼面构架和屋面构架三大部分。柱列构架由柱、瓜、枋、抬梁和挑手构件组成。房屋的面积多寡随柱头多少而定。常见的有3头房（由3柱头撑顶屋面）、5头房（由5柱头撑顶屋面）、7头房（由7柱头撑顶屋面）、9头房（由9柱头撑顶屋面）、11头房（由11柱头撑顶屋面）。3头房，由3柱落脚、头穿、二穿和挑手穿斗结成，无瓜、无抬梁构建；7头房，有3柱落脚、4瓜、头穿、2穿、3穿、挑手构成，无抬梁；9头房，有7柱落脚、2个瓜、头穿、2穿、3穿、挑手构成。用抬梁构建的，有两种列式构架，一是由两根柱头落脚支撑着一根粗大横木，横木上托着7个瓜柱（指九头房）；二是由三根柱头落脚，以卯榫形式将两根抬梁紧斗中柱上，另一端仍用卯榫以两边元柱斗连。用抬梁构架的都没有头穿，只有2穿、3穿和挑手，这叫全抬梁式构架。半抬梁式构架，以抬梁、列柱和山墙结合支撑楼和屋面。挑列于两山的柱列，无瓜柱，均为全柱落脚，如9头房就是9柱落脚。在列柱中，柱瓜为列之径，枋或抬梁为列之纬。柱有硬柱、骑柱、挟柱几种。整柱支撑屋面者为硬柱，硬柱在列正中为中柱，其余的为元柱、食柱、无名柱等。在头穿或抬梁与骑柱或爪连接的为挟柱。吊置和骑置穿枋或抬梁的柱称为瓜，又叫吊柱和骑柱。枋有穿枋

和挑枋两种。穿枋，把柱列中的柱头穿斗起来，起到互相拉连的作用。分别为头穿、二穿、三穿。挑枋，就是用横枋穿斗无名柱、食柱和元柱，伸向屋外，挑住屋面桁条，又叫挑手。楼面构架的构件有楼枕、挑木、木板或竹条，楼枕斗接在柱上或山墙上，构成一个水平面。有的房屋步水过宽，楼板沉重力不足，即在枕与枕之间，加放挑木，同样与楼枕在一个水平上，帮助楼板托重。将木板或金竹条铺钉其上，即成木楼或竹楼。屋面构架为坡尖状，两面水，由横木、梁、桁等，分别卡、搭在柱、瓜的碗口或卡口及墙顶上，作为人字木（又叫椽皮）的依托。椽皮由3寸宽1丈长的木板或木条做成，骑梁而下，每距4寸铺钉一块，故有"3寸椽皮4寸沟"之说，构成整个屋面，盖面为石板。

石围墙有封山坡尖状"人"形和"门"形两种。封山型，用磉子石或毛石从基脚堆砌列屋顶，成坡尖状"人"形。"门"形，又叫"三平墙"，即两边山头以后檐顶端为准，用磉子石或毛石砌成两山和屋后三堵墙一样平行的墙。用磉子石堆砌的石墙叫"磉子墙"，用毛石堆砌的石墙称为"毛石墙"或"砸砌墙"。无论是磉子墙或毛石墙，在山墙的前端都有经过精凿细钻制成的石坊、石桃、石宝作门面装饰。磉子墙一般都用石灰为粘合剂；毛墙有的用粘合剂，有的不用粘合剂而搞平砌。特别是不用粘合剂垒砌的工艺更高，石块的厚薄及垂直都有严格要求，毛墙垒砌工艺体现了石板房建筑的最高水平。

装修是石板房美观大方的重要工序，指的是对楼板、

内壁、晒壁及门窗的装饰。楼板有堆放什物和隔尘作用。在堂屋顶部建造的楼为中楼，主要存放谷物，有的还建成粮仓；在堂屋两侧间建起的木楼或竹楼，称为侧楼，比中楼矮3.6尺(约1.2米)，用于堆放杂粮和什物。内壁装修是对列壁、神壁及堂屋两侧间前后隔壁的装修，采用枋框板套牙合缝的工艺制成。枋有横枋(又叫天地枋)、立枋和子枋。横枋和立枋对板壁起固定作用；子枋除了对板壁有固定作用外，其边棱还有装饰作用。内壁外面的各种构件必须刨平光滑，内面砍平即可。晒壁以横木隔为上、下两部分。上部为壁窗，由粗细枋框套壁心、窗心构成，窗心有两扇窗，梭窗或抬窗。下部由石质和木质两种组成"晴板"。石质以钻凿而成或用天然齐边石一块装成；木质结构由枋框板套心合缝构成板壁。也有用大小均匀的圆木砍平，装套在上下横枋槽上，构成"篱笆型"晴板。

石板房的门，有朝门、大门、小门、后门和耳门等，朝门门框多为石块构建，门板由枋或木板构成。大小门、后门和耳门均由木枋、木框、木心构成。有的在山墙和后墙上也开有以石条为棱、石坊为框的透气、透光石窗。

从总体看，石板房建筑在布依族、苗族、亿佬族和屯堡人居住地区均有分布。但比较集中分布在布依族和屯堡人地区，各有千秋，各具特色。

布依族的石板房建筑，多为"干栏式"。布依族称房屋为"栏"、"干栏"、"高栏"、"阁栏"、"麻栏"、"粳栏"等。布依族系古百越群体中的"骆越"一支。其石板房建筑起源起码可以追溯到春秋战国时期"越王句践"那里。《越绝书·外传记地传》载："乐野者，越之弋猪外，大乐，故谓乐野。其山上石室，句践所休谋也。"说的是越王句践谋略国事，游乐休闲均在石头建筑的"石室"，说明古越人当时已有石头建筑。中南民族大学罗漫教授的《布依族族名·族源文化丛论》指出："要算春秋战国时期……太湖地区确曾普遍流行石构建筑，成为该地区越族文化的重要特色。"据贵州《安顺晚报》1995年9月2日报道，在关岭布依族苗族自治县的北盘江边，布依族聚居的普利乡(古为普里)发现近10公里范围内的古代遗迹，有"石拱门、石碓窝、石围墙、石柱窝、屋基石岸"等。经贵州大学王良范、罗晓明教授考察认定："这一带春秋时属牂牁。"《贵州古代史》对牂牁江和骆越地的考述：牂牁江，专指北盘江、红水河，即古代"骆越水"、"骆越地"，正是因布依族先民——骆越人活动于此而得名，关岭普利乡发现的这些古遗址均在北盘江边，当因属布依族先民——骆越人的石头建筑。这些石头建筑与扁担山和布依族地区的石板房建筑何其相似。正如罗漫教授指出："古代的吴越地区……受东夷文化影响而产生的石构建筑，能够跟布依族石头寨在时空上遥相辉映的，大概要算春秋战国时期遍布于太湖地区的石室建筑了。这种石室建筑一般采用天然石块或粗加工的块石作材料，较平整的一面朝内，交错砌成三面石壁，顶部多用大石板覆盖。"笔者对今布依族地区作石板房调查的结果亦是："布依族石板房建筑多用石料，墙用细锤细钻方块石、条石或毛石堆砌而成，房顶石板代瓦"的建筑结构相一致，佐证了布依族地区石板房建筑的历史渊源。

在中国的古书中，最早提到"干栏"的是战国时楚国的大诗人屈原，在两千多年前的《九歌·东君》一诗中有"暾将出兮东方，照吾槛兮扶桑"之句，据中国著名文化人类学家林河先生所言：诗中的"槛"，就是"干栏式建筑"，"扶桑"就是"大树"，"槛"就是架在扶桑树上的"干栏式建筑"。中国的太阳神东君住的也是"干栏式建筑"，充分说明"干栏式建筑"是中国建筑学中的国宝。《魏书·僚传》载："盖南蛮之别种，种类甚多，散居山谷……依树积木，以居其上，各曰干阑。干阑大小，随其家口之数。"《旧唐书·南平僚传》有："山有毒瘴及池虫蝮蛇，人并楼居，登梯而上，名曰干栏。"范成大在《桂海虞衡志》中更清楚地指出："民居苦茅，为两重棚，谓之干栏。上以自处，下蓄牛豕。"清楚地阐明了"干栏"建筑的特点是"上以自处，下蓄牛豕"。那么，"干栏"是怎么来的呢？据林河先生考证：由于中国南方的稻作民族都是"粳稻民族"，在"粳稻民族"的古语中，"干"与"阑"都是"粳"同义异译，"栏"与"阑"是"房子"，"干栏"(阁阑)就是"粳栏"，即"粳稻民族"住的房子之意。甲骨文中的"南"字，画的就是一幅"干栏式建筑"，表示有"干栏式建筑"的地方就是南方。联系现在关岭布依族长期聚居的普利乡发现的古遗迹"马马岩壁画"，专家们认为"是我国古代南方土著民族居住的干栏式建筑"图像，其形状同甲骨文、金文中的"南"字大体一样。

甲骨文和金文的"南"字形式，像南方民族居住的"干栏"之形，上像草盖屋顶，下像层楼，正如夏渌先生《古文字反映的南方民俗拾零》一文中说："'南'为'栏'、'阑'的本字，借作方向的南以后，另造'栏'、'阑'等的起形声字"。因此，"马马岩壁画"中的这些物象，表示的应是古代布依族先民——骆越人的"干栏式"石板房建筑。

屯堡人石板房建筑群落，是以明代洪武年间"调北征南"和"调北填南"的军屯、民屯和商屯据点为基础而形成的民居聚落建筑群体，具有军事实用和民居生产、生活之用的特点。主要建筑材料是石料和木料。屯内民居为一座座院落式建筑。每座院落围以石墙。院门门框以整齐的方形石块镶成，上架木质门楼，门楼有雕花额枋和垂柱。院门内为石块铺就的宽敞天井（院坝）。天井底边为一列三间的正房（中为堂屋，两边为耳房），天井左右两侧为厢房。四合院门一侧隔天井与正房相对的房屋有倒座，房屋皆以石块砌作屋基。正房屋基高于厢房，厢房屋基高于倒座。正房与厢房连接之角落处往往建有2～4层不等的大小长方形石碉。住房多系两层，外为木石结构，内为穿斗式木构架承重。前后墙及两侧山墙均由石块垒砌。屋顶为屋面两侧伸出山墙外的悬山式，盖以薄石板，屋脊盖以青瓦一列，堂屋正中壁上安设神龛。

屯、堡、旗、哨、铺是明王朝部署在少数民族地区的前沿阵地，以五里、十里、二十里等不同距离，在少数民族地区作点状分布，实际上处于少数民族村寨重重包围之中，有如一片汪洋中的一个个孤岛。屯军既要执行朝廷规定世代屯戍和临时征调的作战任务，又要面临随时会遭到四周少数民族偷袭的危险，屯军聚居于石围墙内，形成一个大聚落。大聚落内按宗族关系沿街分布，形成若干小聚落。每个小聚落又分为若干互不相通而又毗邻的小院落。平时，各小院落、小聚落之间经由街巷互相来往。战时，在高耸的碉楼（哨棚）瞭望放哨，若发现有军情即鸣锣示警，关闭墙门以抵御。屯堡围墙被攻陷可行巷道战，巷道遭攻占可行院落战，院落被占领还可行室内战。坚固的石头建筑层层设防，能起到各自为阵，易守难攻的军事防御作用。

为使屯军能安心屯戍而无后顾之忧，明王朝规定屯军须携带眷属前往屯戍地。无妻室者，由官府为之配偶。屯军与其眷属在屯戍地以家为单位世代过着且耕且守的生活。每一屯军及其眷属组成的家庭称为军户。每一军户住在一座三合院或四合院里，过着长幼有序男女有别的家庭生活。军户繁衍的后裔，子孙长大成婚后分家，居住在其父、祖老宅旁建新的庭院，独自建立小家庭，仍属军户。

屯堡人生产生活在石山区，与石头结下不解之缘。他们的祖先在特定的社会环境里，利用特殊自然环境与资源，构建起有军事防御性的石建筑群。这种有着深刻历史文化内涵的石建筑群落，在屯堡人的生存与发展中起着重大的维护作用。其有效性及实用性，不因岁月的流逝而消失，历经600余年的沧桑，得以传承与发展，形成独特的石建筑文化。

屯堡内以街为经，以巷为纬，将各聚落、院落有机地串联在一起，外环有长形或方形的围墙和耸立于屯墙、院墙上的一座座碉楼，形成一个个内外有别、既层层封闭又相互连通，高低错落有序的社区板块。三合院或四合院以正房为主，以院坝为中心，堂屋、耳房、厢房、倒座对称地排列于院坝四方，既互不受声响干扰，又易于相互呼应，利于采光，整体结构谨严、匀称、协调、舒适而美观。

二、石板房的建筑环境

据考证，贵州在5亿年前的寒武纪早期是一片汪洋大海，由于地壳的不断运动，贵州高原逐渐成为地台陆表沉积中心，沉积了近万米厚的浅海碳酸盐岩为主的岩系，分布遍及贵州全省，并进入滇桂境内，成为我国分布最广的碳酸盐岩石区并发育成名闻中外的黔桂滇裸露型喀斯特地貌，被誉为世界"喀斯特圣地"，亦有"山之省"和"石头王国"的称谓，历史上曾有"江南千条水，云贵万重山"的概述。

人类考古学资料证明，凡地质结构、地形地貌为河湖沉积、岩溶发育、造山运动活跃、裂谷、断层多的地区，都是人类最理想的繁衍生息之地。贵州高原属于三峡地质、地貌的重要组成部分。海拔高度适中，气候温和宜人，雨量充沛，森林繁茂，动物种类繁多，岩溶异常发育，溶洞星罗棋布。如此良好的地理环境为贵州古人类创造岩洞穴居提供了优裕的条件。省内有据可考的人类遗址有观音洞人（黔西）、桐梓人（岩灰洞）、水城人（硝灰洞）、兴义人（猫猫洞）、穿洞人（普定）、飞虎山人（平坝）、桃花洞人（六枝）等。这些洞穴一般都在山腰，深长高大（高在33～65米之间），深为1000米以上，有通风口，自然通风好，又有地下水渗入，生活用水方便，是古人类选择居宅洞穴的理想环境。

正如上述，这些古人类洞穴遗址，多分布于乌江、赤水河、南盘江、北盘江、三岔河等流域地带。他们居宅洞穴，为了挡风、避寒暑、防备蛇虫猛兽和生产、生活活动的需要，用天然石块垒砌简单的原始隔墙，这种对天然岩石的利用，对后来人类的石头居宅建筑，无疑有一定的启迪作用。

古人类学家认为，一般活动于江河湖泊流域的古人类，多为洞穴居（前面已述）；活动于森林茂密，石山林立，峰峦重叠之地的古人类，一般都为"巢居"。贵州的布依族民间，有关黑羊大箐的传说，是贵州古代有大森林的佐证。《淮南子·主术篇》说：在距今5000年前的中国神农氏时代，就有"明堂之制，有盖而无四方，风雨能袭、寒暑不能伤"的神殿。《庄子·盗跖篇》说："古者禽兽多而人民少，于是民皆巢居以避之。昼拾橡栗，暮栖木上，故命之曰有巢氏之民。"《韩非子·五蠹篇》更为清楚地说："上古之世，人民少而禽兽众，人民不胜兽虫蛇，有圣人作，构木为巢以群辟害，而民悦之，使王天下，号之曰有巢氏。"

1973年中国考古学家在广西百色盆地发现好几十处旧石器时代的遗址，出土了"百色手斧"等大量旧石器。经中国原子能科学研究院、伯克利地质年代中心等科学研究机构的测定，这些遗址距今已有80.3万年的历史。中国文化人类学家林河先生说："可以肯定，这些80万年前的百色人不可能是穴居人，而只能是在湖泊河汉附近台地的森林中构木为巢的巢居。"云南祥云春秋墓出土的七边十二足屋形铜棺、贵州出土的干栏式陶屋模型等，说明广西和云贵高原的古人类曾经历过"构木为巢"的"巢居"阶段。从民族学资料来看，民族古籍——贞丰布依族《殡亡经》载："古时没有造房屋／在树梢过夜／在树丛栖息。"镇宁布依族苗族自治县扁担山布依族地区的《古谢经》载："从前住在高岩险峰……拿树枝夹墙，削树枝成杈，

顺高梯坎爬。"真实地反映了布依族先民曾经历过"依树积木"、"以叶构棚"、"构木为巢"的古人类历史生活。随着生产力的提高和劳动技能的进步，人类进化到"智人"阶段，走向农耕时代，开始摆脱以依靠花果为主食的"采撷朝代"，走下大树，走向平野，走向山谷，依照他们在树上"构木为巢"的方式，在山腰、谷地、原野的土台上，建造大批带卯榫结构的高台式土木建筑，成为中国历史上著名的"干栏式"建筑。

在人类生产力发展的过程中，特别是进入农耕时代后，不少古人群为适应和改造自然的需要，在互相交往中相互配合，相互融合，结成强大的同盟力量，共同应对自然灾害，原来那些洞穴居人和巢居人结合在一起的时候，为了共同生存的切身利益，将原来构建的洞穴居和巢居的技能有机结合，创建了石木结构相结合的石板房。贵州驰名中外的石板房，同样如此产生。

不言而喻，石板房建筑的环境，均系石山簇拥、峰峦巍巍，奇石峥嵘，山清水秀，风光旖旎，依山傍水的围山围水建筑。其居住群落，一般为寨后是石山，寨前是河流，寨右是田园，寨左是山川，寨边竹影婆娑，寨中古树参天。石料遍野，应有尽有。这一自然天成的环境，为石板房建筑创造了良好的物质条件。世代生息在这里的男人大多都会石匠活，掌握石板房建筑的艺术，世代相传，一家做房，全寨相帮，利用山上廉价的石头，招待匠人吃饭即可得到，靠村落里的人齐心协力就可以把房子建起来。故在石板房胜地出现以"石"加以冠名的大山、岩山、村寨，如石头寨、石板寨、石头箐、雅石、石丫口、石柱弯、石汪寨、石板哨、石头铺和石头城等，不胜枚举。黄果树和龙宫风景区、镇宁、关岭的布依族地区，有70%的村寨都为石板房建筑。仅是布依族聚居的扁担山48寨，均为石板房。

石板房建筑不仅坚固经久，而且宽敞舒适，冬暖夏

凉，隔音性强，使贵州出现了耸立在万山丛中的石头城。其城垣构筑材料多为巨石，城里道路也多用石板或石块铺成。考古证明，今赫章县的可乐古城遗址"可乐洛姆"和普安大城的"阿外勾洛姆"，其城是贵州岩石古城的先驱，是贵州岩石古城发展的重要历史时期；大方县城北建于唐代的"嘉俄勾洛姆城"和凤冈县发现的建于南宋时代的"玛瑙山岩石古城"，是贵州在明代以前最为典型的岩石古城。城内院落和内外道路均以精细钻凿的石料铺设。贵阳城，元代为顺元城，筑土为城垣；明洪武五年（公元1372年）改建为石拱门，十五年改建石城。镇宁城，明洪武十六年（公元1383年）始建，二十五年改用大石礅垒砌，设东西南北四门。《贵州通志》载："城皆礅以白石，晶洁如银，故俗有银镇宁之目。"《镇宁县志》载："城中及附近房屋，十九为石房石墙，因城郊产石丰富，厚薄具全。薄者代瓦，厚者代砖，具价廉耐久也。"晴隆城，称为莲城，始建于明洪武二十五年（公元1392年），有东、南、西、北四门，均为青石垒砌而成，现仅存西门及其两侧城垣。安顺府城，原普定卫城。洪武十五年（公元1382年），城始置卫。城礅以石，周九里三分，高二丈五尺；门四：东曰朝天，西曰怀远，南曰永安，北曰镇夷。城楼四、水关三、水楼三、月城四。定头城，在今贞丰县城北15公里处的定塘寨后台地上，明天启七年至崇祯四年（公元1627~1631年）建，城垣皆为钻凿五面青石砌成，梯形，周长2 100米，有东西南北四门，门高4米，宽3.4米，各门均有石阶路通向山下，城内尚存两条交叉十字石头路面及部分房屋基石。归化城，在今紫云县城，清雍正八年（公元1730年）置归化厅，乾隆十三年（公元1748年）建石城。城门四，上建橹楼，东曰迎晖，南曰迎熏，西曰靖边，北曰拱宸。《黔南识略》曰："归化城，周三里七分有奇，计五百二十五丈，礅以石。"郎岱城，乾隆二十四年（公元1759年）建，周三里五分有奇，高一丈三尺，长六百三十丈六尺。礅以石，门四：东曰近日，西曰迎爽，南曰为薰，北曰承恩。门楼四，炮台四。

元至正二十八年（公元1368年），朱元璋建立明王朝，率大军攻入大都。盘踞在云南的元宗室梁王自恃所在险远，继续奉"北元"为正统。明太祖朱元璋于洪武十四年（公元1381年）九月，遂亲自部署对云南的征讨，任颍川侯傅友德为征南将军，按"欲取云南，必重贵州"、"黔省之咽喉为镇远，其脊背则安顺也"和"平滇之功实始于安顺也"方略议兵。因当时的普定路辖安顺、习安、镇宁、永宁4州。明王朝看准普定（安顺）有如黔之脊背，起着控制云南的巨大作用，于明洪武十四年底，大军由辰沅趋贵州，进攻普定，克之，乃留兵戍守，进兵曲靖。明王朝依靠强大军事力量将他们征服后，实行卫所屯田制对他们进行军事控制，于交通要道关隘处置屯堡作长期戍守。为巩固明军进攻云南的前沿阵地，特建普定城，并设立普安、安庄、平坝等3卫，卫所官兵以少部分驻扎城市，大部分驻扎农村。驻城者专事防卫，驻农村者主要从事屯田，农闲时操练，战时从征。屯军按编制分别择关隘之地屯戍。屯军驻扎之地称屯堡。百户所在地称官堡，总旗、少旗所在地称旗堡，少数兵丁驻守的负责瞭望、盘查之处，称为哨。故屯、堡、哨皆为戍卒住所。在古驿道上，为保障官府人员往来的顺利及文书传递的畅通，沿途特设置军士专事接待，

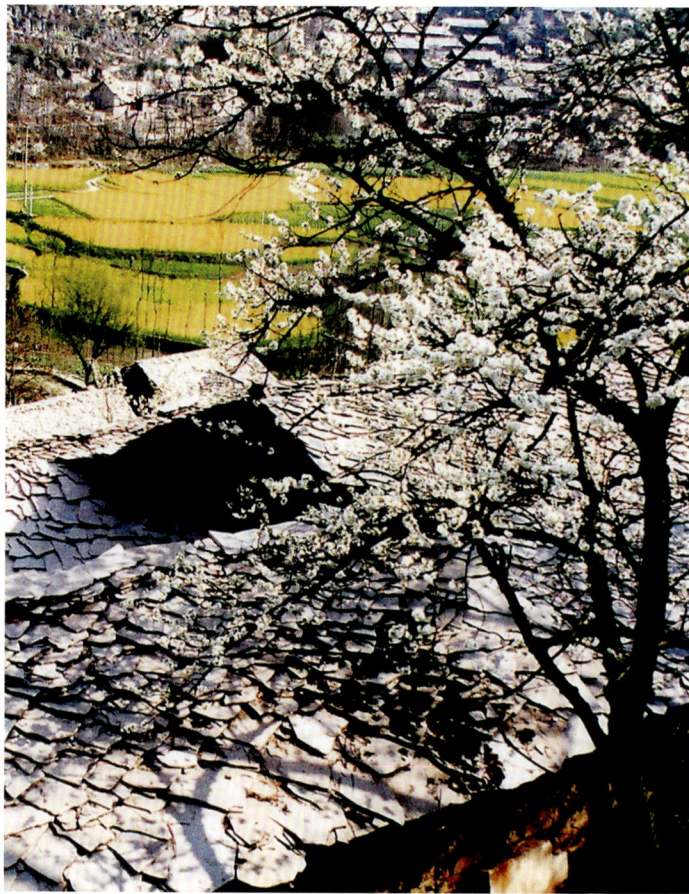

以保障人力、马匹的供给，称为铺。各屯堡多筑有围墙作为防御工事，墙内房舍列为街道两侧，为屯军军户住宅。屯军屯种的田土皆在屯堡附近，多数来自对少数民族耕地的强占，少部分为垦荒而成。普定府是少数民族杂居区之一，各少数民族均生活在土司的封建领主制统治之下，形成"土司与卫所相搀，军伍并苗僚杂处"的局势。屯堡起到对土司势力的削弱与控制作用，为汉族军民与当地少数民族群众的交往接触提供了广泛的社会条件。众多屯堡以卫所为中心，以路为轴线，纵横分布，自成大大小小的军事据点，守屯相望，互通声息，构成少则能各自分散防御，大则能集中统一出击的军事网络。屯堡聚落位于贵州西部，以安顺市为中心，东起花溪、平坝及长顺西北，南迄紫云交界，西抵镇宁、关岭境，北达普定县城，在方圆约1 340平方公里的岩溶发育，地势坦荡，险要交错，依山傍水的石头世界里，利用丰富现存的天然石头石片作建筑材料，运用江南汉族的民居建筑工艺和当地的石头建筑工艺相结合，创造性地构建起严密、坚固，且具有军事防御的石板房建筑群，就连生活用具也用石头做成。人们根据屯堡建筑和生活用具的特点，而有"石头的街面、石头的墙、石头的瓦盖、石头的房、石头的辗子、石头的磨、石头的碓窝、石头的缸"的民间谚语。

图版

一、 石板房

石的瓦，石的墙，石的门，石的窗，石的屋，石的房，石坎石梯石晒坝，石碓石磨石水缸，石房傍石山，石山筑石房—这就是中国原生态传统民居之一绝，黔中石板房。

西南黔中，天赐山之国，石之乡，大山和石头不只是她的一道独特的风景线，还是一道天然的屏障，守护着这块土地上诸多神奇的古老文明。纯天然建材的石板房，把山和石化为一种生活、一种文化、一种艺术，植根于人与自然的亲和之中。

1．结构与形式

黔中石板房民居以当地盛产易得的天然片状石板为瓦盖，形成原生态传统民居的一大地域特色。其主要流行于以安顺市为中心的毗邻县市，包括贵阳、清镇、平坝、镇宁、普定、关岭、六枝、紫云、惠水等部分区域。这一地域同时又是少数民族较集中的地区，除汉族外，多为布依族和苗族。

石板房多为全石垒叠结构，即全用不同形状的石块、石条垒砌成墙体，在墙顶架木梁、木条以支撑顶盖石板。少部分石板房为木架穿斗结构的房基，类似于常见的木房；也有的是半木架构半石垒墙相结合。木架构的，多用整块大石板代木板作壁。顶盖基本上都是两面坡倒水的悬山顶式。单体房屋的形制，分干栏式、平房式、二层楼房式等。

平坝县沐英山屯堡的全石垒叠结构石板房。这类石板房所垒石墙一般不用灰浆砌缝粘连石块。

　　木架穿斗结构的石板房，其壁以大块的整石板代木板。此种正房的形制为汉族传统民居基本的制式，共三开间，中为中堂，两侧为厢房。中堂为一房的核心，其门为大门，是郑重场合进出之道；室内空间设置有供奉祖宗天地的神龛，是摆酒请客的重地，相当于现代人的客厅；中堂大门一壁退进檐沿一米左右，以突出其主体的核心地位。两侧厢房分别作厨房、卧室，留有侧门作平时进出。（贵阳花溪区石板镇）

木架穿斗结构、石板作壁的石板房。

石板房顶盖维修。

用于石板房顶盖的天然石片材料，厚约3～4厘米。

盖房石板采自页岩，用钢钎将石片层层剥离便取得天然石板。

高台干栏式石板房。这种形制是南方最古老的建筑形式，由巢居演变而形成。初始的干栏民居均为木竹架构，模仿树上搭棚的巢居形式，下层基柱敞露，不需围壁，圈养禽畜，人居于上层，利于防潮、防虫蛇猛兽的侵害。黔中石墙类的干栏形制实际上属半干栏式，即部分区间分为上下两层，一般是侧房或耳房成干栏式，正房或中间中堂采用高台基补平于干栏房间的楼面。干栏楼房的下层通常为牲畜圈，即人畜共一幢房。

设置有汉式中堂的房屋，通常在其正壁设有供奉天地神灵和祖先的神龛，除汉族家庭外，少数布依族、苗族也有同样设置。

部分房屋的中堂是个多功能的公共活动空间，堆放粮食、农具，还兼作炊饮，不像汉式形制的中堂那样赋予庄重的礼规性。这类房屋形式通常是苗族、布依族的习惯。

石板房

镇宁布依族苗族自治县丁旗镇一带有些年代久远的全石结构石板房，墙体石料极其讲究，为全部规整的方石、条石。这种石房的门洞也极严谨，门额、门枋、门坎、门框形成多层次的装饰变化，门框底部两侧设置方石坐凳，便于休憩。

全石结构的门洞。（关岭布依族苗族自治县滑石哨布依族民居）

2．院落

院落即房屋外配连有空旷地面活动空间的组合建筑。以房屋相围的院落形式有三合院、四合院，即三方或四方均有房屋相连，其中间留出一块空地，有的空地面积很小，称之为"天井"。四合院属全封闭式的，三合院不一定全封闭，若全封闭需在无房屋的一方加一堵围墙。有些三合院、四合院进深长，两重天井，即重院。三合院、四合院多属汉族形制，在屯堡村寨较多。多数院落建筑组合简单，就是一幢正房加侧房或附属杂物间、畜厩等配连一块晒坝；有的加石围墙相围，有的是敞坝。有围墙围合成的三合院、四合院均设置有院门。一个院落的住户为一个家庭，或同一家庭分家后的胞族父子、兄弟家庭。

这是镇宁布依族苗族自治县扁担山板洞寨布依族古建筑的院门。其石材十分精致，造型庄重严谨。

有院墙的封闭式院落。

这是一种"三合院",即由正房加上两侧的侧房成"门"平面的三面合围,前以围墙形成四面封闭的独户小院。

这是一种多重
四合院连通的幽深
院落，属明清时期
的汉式建筑格局。

此为平坝县大坡脚屯堡的一座四合院大门。

石
板
房

院落一角。

明清以来，黔中布依族民居在建筑格局上亦受到汉族的影响，大户人家也有四合院的形式。这是镇宁布依族苗族自治县扁担山一带板洞布依族村寨的一座半干栏四合院。

安顺市西秀区小关村屯堡的一种四合院。

巷内的院落多为四合院。

巷内的院落多
为四合院。

在院坝演出地戏。

正房与侧房相组合。

石板房一

3. 石器具

石材不仅造就了黔中石板房独有的地域性特色，还造就了各种石的器物用具，诸如石井、石水缸、石桌、石凳、石磨、石碓、石钵、石臼、石碾、石糟……它们与石板房组成了一种石文化的风格。诚然，随着时代的变迁，一些传统石器具已由现代器具取代，但它们却成为了一种历史的记录。

小型手磨。

石板水缸，用于存蓄生活用水，至今还有不少人家在继续使用。

这种石磨的盛接盘可以随意使用簸箕或木盆，若是磨浆汁食品则可用木盆盛接。（镇宁布依族苗族自治县丁旗镇一带苗族）

脚踏石碓,属粮食粉碎用具,主要用于舂糯米面。(平坝县苗族人家)

用于举重体育活动的石具。

石板房一

打糯米糍粑用的石臼。

大石臼，主要用于打糯米粑，也可舂辣椒面。

安置在室外的石碓。（安顺布依族人家）

盛水的石钵与磨刀石。磨刀石卡固在马掌口的一方石头中，使磨刀时不致移动。

喂猪的石槽。

已有600年历史的石井。

春辣椒的石擂钵。

带盛接盘的石磨。

不同形状的石钵。由整石打凿而成，用于牲畜食槽或饮水。

石板房

二、 石板房村落

如若一座石板房还只是石的音符，那么一个石板房建筑群——石板房村落，便已合成一首石的完美之歌，婉转悠扬，把石的力量、石的品性张扬到极致。

每个石板房村落都有她的故事、她的沧桑。走进古老的石板房村落，如同穿行历史的长河，民族、亲群、政治、军事、经济、宗教、生产、生活、风俗……各种元素的差异体现于不同的建筑制式与格局。明清屯堡石板房村落遗存下军事设施与民宅的合体以及江南南迁军民带来的融进了黔中土风汉式风格建筑；布依石板房村落保留着远古南方巢居演进的干栏民居型制；居于高山的苗家石板房村落简朴……一个村落，一部书。

镇宁布依族苗族自治县扁担山一带坝区上的布依族村落。

1. 环境与建筑格局

黔中地形，以低山丘陵为主，多山间平原，俗称坝子，是贵州大坝最集中的地区；也有一部分为高山深谷。汉族、布依族多居于自然条件优越的坝区，苗族多居于偏僻边远的山区。各民族多是各自聚族而居，形成单一民族的村落，也有少数汉族、布依族或汉族、苗族混居的村落。

小的村落二三十户人家，中等村落七八十户人家，大的村落上百户，或四五百户不等。汉族、布依族的大村落较多，苗族多为小村落。

不少村落保持着血缘本位的居住格局，由同一宗族或几个宗族聚合成一个村落。

村寨坐落，据不同地形环境而异。山区村寨多依坡势顺山而筑，房舍成梯级分布，层层叠叠；坝区村落，亦多背依小山环偎山脚，既方便耕作而又不占用良田。

多数村落的房舍建筑布局，并无特定的统一规划，各户民舍自由选定位置，先先后后建起而形成自然分布的群落，无主次中心之分，房舍间的小道贯连亦无规则，此种布局可称为"散点式"格局。布局整体性严密有序的，多为屯堡村落。所谓屯堡即屯军堡子，始建于明初洪武年间，距今已有600多年的历史。屯堡居民的先人主要来自于从江南地区征调入黔的汉族军人及其家属，也有为开发边疆地区，由中央王朝强行移民进入黔地的大量汉族官民，即史称的"调北征南"、"调北填南"。虽然随着时间的推移，屯堡已从军事居落或准军事居落变成民居，但其布局和房屋建筑仍保持着原军事功能的一些特征。这些屯堡犹如石的城堡，有的还存有石筑寨墙、寨门、炮楼，民居多为高墙深院，分布于蛛网般的巷道，这种布局有利于战事攻防。由于屯堡人多由江淮地区迁来，随之带来了江南汉族院落房屋的制式，多为四合院组合，外墙为石垒，内部为木结构楼房或平房。特别是官宦人家，门楼、房舍门窗、檐柱枋板，讲究雕刻装饰，一派江南民居风格。

西出贵阳，经清镇、平坝至安顺、镇宁一线，既是贵州坝区最广的地区，又是石板房民居最集中的区域，大大小小的石板房村落散落在广阔平坦的阡陌田园之间。（安顺市西秀区七眼桥镇扎塘村）

镇宁布依族苗族自治县北部坝区的布依族村落。

依山傍坝的村落。

安顺市西秀区龙宫镇山谷中的石板房苗寨。

坐落在山区的布依寨。

大山巨岩下的石板房布依族村落——关岭布依族苗族自治县白水镇大地坪村。

安顺市西秀区吉昌屯堡的民居布局。各户房屋毗邻紧密、排列有序，犹如街市般规整。

坐落在山谷中的普定县木岗村是一个有300多户人家的汉族大村寨。

安顺市西秀区九溪屯堡。

屯堡中的房屋多高墙深院，
由毗邻的房屋形成众多小巷。
（安顺市西秀区九溪屯堡）

安顺市西秀区吉昌屯堡的巷道。这些巷道曲折而幽深，在战事发生时有极利的攻防作用。

安顺市西秀区吉昌屯堡的院门之一。

安顺市西秀区头铺的巷道。

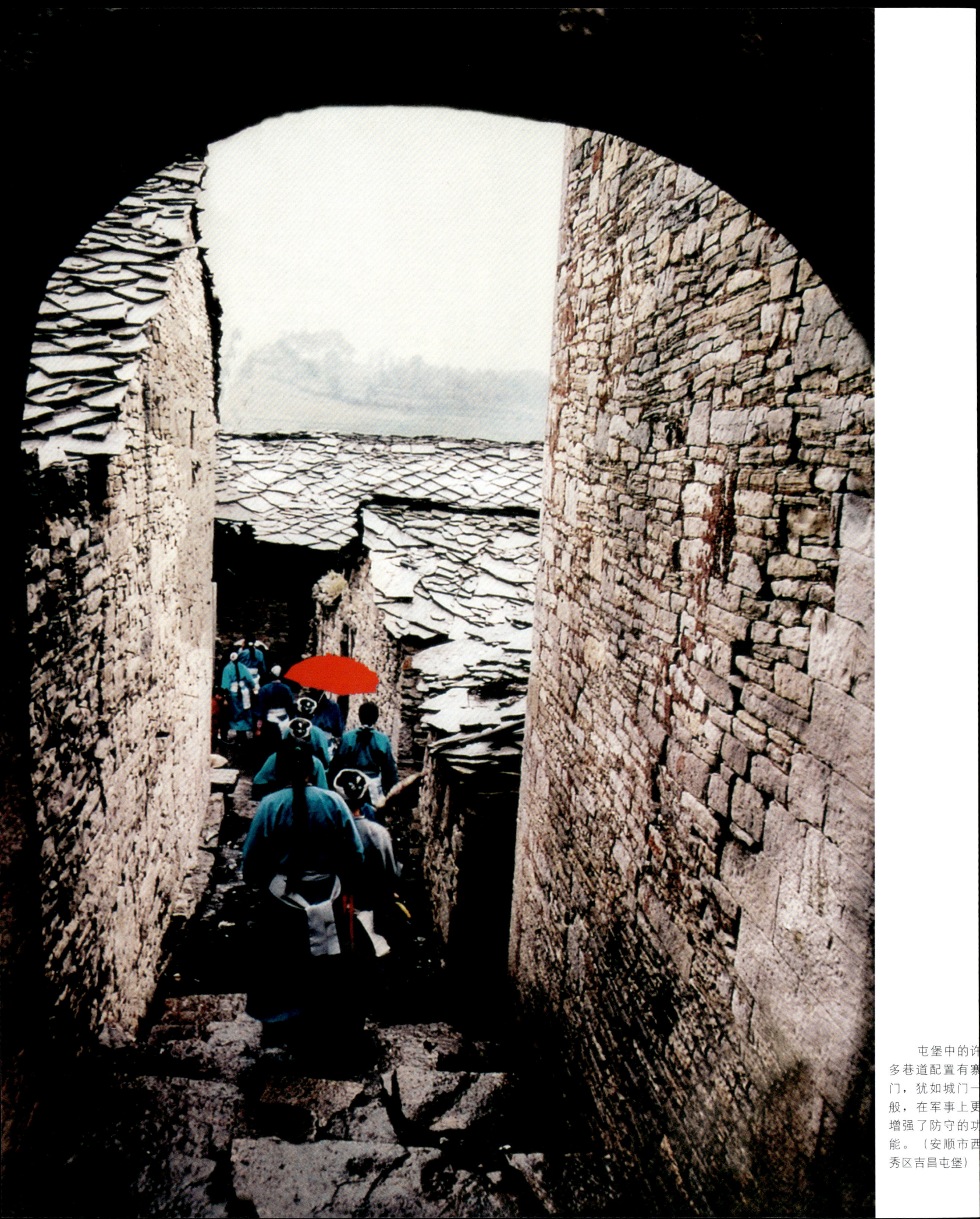

屯堡中的许
多巷道配置有寨
门，犹如城门一
般，在军事上更
增强了防守的功
能。（安顺市西
秀区吉昌屯堡）

九道坎
THE NINE PIT STEPS

九道坎因其石階九道而名之，相傳臨陳氏入黔帖
居住地，陳氏外邊支系在認祖歸宗時即以此為
環繞屯堡最早石頭建築之一，迄今已有六
年的歷史。

屯堡中之
九道坎。

六盘水市六枝特区落别镇板照村的古围墙和寨门。

石板房村落

寨中正在刺绣的布依族妇女。

2．平坝·天龙屯堡

　　平坝县天龙屯堡是明清建筑保存得比较完好的著名屯堡古镇之一。其位处贵（阳）黄（果树）高速公路平坝与安顺西秀区大西桥镇交界地附近，历史上就属黔滇交通要塞，与之毗邻不远的还有西秀区境内的吉昌、九溪、本寨等著名屯堡。

　　天龙屯堡建自明初，距今已有600多年。其居民多为陈、张、沈、郑四大家族的后人，他们的先民于明代"调北征南"时随军入黔，战事结束后留居下来。这些家庭殷实财厚，且有后人世代为官，他们的住宅多高墙大院，在形制上沿袭了江南汉族建筑的形式，外墙为石垒，内部为木架构，因此外观上是黔中原生态的石板房、石头房形式，内部却是地道的汉族风格。

一条碧水清澈的溪渠贯穿屯堡的中心区域，使古老质朴的石头村落增添几分灵秀之气。

石板房村落——

天龙屯堡整齐有序的民居群落。

溪渠上的小石桥。

屯堡人独特的煤砂罐茶，用大小不同的煤砂罐
煮制，其味香气浓郁。

这是天龙屯堡中心区的一座四合院，汉族制式，高大
气派，梁枋、檐柱、门窗雕刻装饰极具书卷气，是明清时
期的大户老宅。

屯中由街巷贯连若干院落。院外都是石墙相围，院内
多为木结构的四合院房舍，院门多为悬楼过道。

小院人家。

门额上的镂空木花雕。

门额上的镂空木花雕。

门楼式院门檐下的吊柱雕刻。

汉式吉祥图案的门额雕刻。

汉式吉祥图案的花窗木雕，葫芦寓意"福"和子孙繁衍兴旺。

宽大的院坝上可供地戏演出。

3. 安顺·本寨屯堡

安顺市西秀区七眼桥镇本寨屯堡位处安顺市东十余公里，距天龙屯堡仅几公里。全寨一二百户人家。整齐有序的房舍前临大坝、背傍小山，成条带状分布，一条小小的清溪流经寨前，平坦的田园宁静如画。

本寨属典型的军屯古村落。四座炮楼高耸于民舍，彼此呼应，可见其布防之严密。寨中民居多明清古建筑的石板房、石头房的土著传统。其院落亦如天龙屯堡，多汉式四合院，而且多个院落保持着明清江南门楼的制式，吊柱檐枋雕刻装饰极其精致。上述两大特色是其它屯堡少见的。

本寨屯堡祭祖时的游寨队伍。

四座高耸于民舍的炮楼响应紧密，是一种非常完整的军事布局。

炮楼以厚达30~40厘米的
规整方石构筑而成，内有多层楼
面，四方设有窗口供瞭望射击。

这座炮楼处于巷道旁，居高临下，扼守通道，有"一夫当关，万夫莫开"之势。

炮楼上供瞭望和火器射击的窗洞可将楼外远近情形一收眼底。

巷道口设置的巷门极其坚固，外敌要攻入寨内民舍十分困难。

一座门楼檐下吊柱上的吉祥动物蟾蜍木雕。

多种汉族传统吉祥纹的院落门楼横板雕刻。

院落的大门多分设于巷道两侧。

石板房村落一

本寨屯堡中保存着多座明清时期的古院落，其院门为典型的江南风格式门楼。

江南汉式院落门楼。

一座门楼上的石雕镇兽——狮子。

20世纪初叶来到黔中、黔西北的西方教士不仅带来了基督上帝，也带来了他们的建筑文化，这座屯堡中罕见的惟一西洋门楼，可能仿于基督教堂建筑形式。

4. 镇宁·石头寨

镇宁布依族苗族自治县石头寨，是高台干栏式石头房民居最典型的布依族古村落。其寨位于黄果树大瀑布上游4公里桂家河与红运河交汇处，有百十户人家，全属伍姓宗族。寨舍依傍河道边的小山，顺山而筑。从山脚到山腰，高台式干栏民居层层叠叠，宽大的石板路道盘山而上，贯连于房舍之间。民舍布局整齐有序，俨然如一座山寨型的石头城垒，以石头寨为其名名副实归。

石头寨不仅村寨民居建筑独具特色，而且环境优美、风光秀丽。山上林木苍翠，寨前河水清清，田园如画，就像古人描述的世外桃源，安宁祥和。而今石头寨已辟为黄果树风景区的游览景点，吸引来无数中外游客。

宽大的石道。

高台干栏式民居是本土少数民族的传统制式。它的下层为畜圈，上层供人住。

盘山石道上的石门是旧时防卸外敌入侵的军事性设置。

石阶。

石板房村落

部分高台干栏民居的室内空间没有像汉式民居那样的宽大和注重礼规性的厅室区间设置，接近于原始态的"窝居"形式，炊饮、起居空间并无特别的分隔。这是一户高台干栏民居的进门空间布置，既是卧室又是通道。

这是一户很特别的全封闭小三合院。

多户组合的房屋形式之一。

根据地势，采用侧向梯坎的高台干栏房。

正在刺绣的布依族少女。

寨中的布依族少女。

鳞次栉比
的石板房。

为顺应陡峭的地势，部
分房屋筑以很高的堡坎。

5．贵阳·镇山寨

贵阳市花溪区石板镇镇山布依寨，是贵阳南部石板房民居与村寨布局同具代表性的村落。其寨距贵阳市区十余公里，靠近著名的喀斯特地貌风景区天河潭，坐落于花溪水库边的一座山坳中，三面临山，一面临水，掩隐于湖光山色之间。进入村寨的主道由寨后背峡谷沿崖开凿出的一条石板旱路。

镇山村距今已有400多年的历史。据考证，明代万历年间平播时，调协镇李仁宇征南，逐以军务入黔，屯兵安顺，后移屯石板哨镇山。协镇李仁宇与布依族班氏结为秦晋之好，从此繁衍生息，村寨逐年扩大。经过400多年漫长的岁月，逐步形成了今天镇山绝大多数人家非李即班的同宗异姓的民族大家庭。由于屯兵征战的历史，镇山村村寨风貌及其布局独具特色，至今保存有完好的屯墙、武庙、石板民居、石阶巷道。在民风上既承继汉族文化，又融入了布依族文化。其石板房多为木构架的主体，部分房壁以整石板拼装，多数人家的房屋成院落式组合。寨中整齐有序的石板路成网状贯连于民舍。旱路进入的村寨口处于两山夹道中，一道石头垒筑的高大寨墙开有一圆拱形的寨门通道，临库区一面亦同样有一道寨墙寨门，使村寨如古城一样被严密围护。寨墙随着时代的变化已失去护寨的军事意义，在临库区寨墙外，人们新增建的房舍延及于库区沙滩。

面临库区一面的寨墙寨门

为适应旅游开发，在临近水库的山脚改造为"农家乐"的石板房民居群。

石巷。

有200多年历史的清代三合院古民居。

这个院落的正房为典型的汉族三开间带檐廊制式，两侧厢房均用整石板装壁。

一些古院落已败毁了，剩下石阶石院坝记录下历史的沧桑。

石墙石板房和木结构石板房组成的小院。

苗寨中的
笙歌曼舞。

镇宁布
依族苗族自治
县江龙镇一带
的布依族妇女
装束。

此书受贵州出版企业发展专项资金资助

此书受贵州出版集团重点图书资金资助

图书在版编目（CIP）数据

民族民间艺术瑰宝:石板房 / 宛志贤主编;
马启忠，钟涛等著. —贵阳:贵州民族出版社，
2009.1
ISBN 978-7-5412-1382-3

Ⅰ.石… Ⅱ.①宛...②马...③钟...Ⅲ.民居
—贵州省—画册 Ⅳ.TU241.5-64

中国版本图书馆CIP数据核字（2008）第033405号

出版发行：贵州民族出版社
地　　址：贵州省贵阳市中华北路289号　　（邮　编:550001）
印　　刷：深圳华新彩印制版有限公司
开　　本：635mm×965mm　1/8
印　　张：9
版　　次：2009年1月第1版
印　　次：2009年1月第1次印刷
书　　号：ISBN 978-7-5412-1382-3/TU·1
定　　价：58.00元